分数のかけ算 ①

月　　日

正解

個　／　合格 **9個**

JN065167

1 計算をしましょう。

① $\dfrac{2}{5}\times2$

② $\dfrac{1}{6}\times5$

③ $\dfrac{3}{7}\times4$

④ $\dfrac{4}{3}\times2$

⑤ $\dfrac{6}{5}\times2$

⑥ $\dfrac{4}{9}\times1$

⑦ $\dfrac{4}{13}\times3$

⑧ $\dfrac{3}{11}\times6$

⑨ $\dfrac{11}{8}\times5$

⑩ $\dfrac{9}{22}\times3$

答えは71ページ ☞

分数のかけ算 ②

1 計算をしましょう。

約分は
できるかな?

❶ $\dfrac{1}{6} \times 2$

❷ $\dfrac{3}{8} \times 4$

❸ $\dfrac{2}{9} \times 3$

❹ $\dfrac{7}{3} \times 12$

❺ $\dfrac{3}{10} \times 4$

❻ $\dfrac{5}{16} \times 12$

❼ $\dfrac{11}{24} \times 9$

❽ $\dfrac{12}{5} \times 25$

❾ $\dfrac{7}{20} \times 30$

❿ $\dfrac{15}{26} \times 13$

答えは71ページ ☞

分数のかけ算 ③

1 計算をしましょう。

① $\dfrac{1}{2} \times \dfrac{3}{4}$

② $\dfrac{3}{7} \times \dfrac{2}{5}$

③ $\dfrac{5}{9} \times \dfrac{4}{3}$

④ $\dfrac{5}{3} \times \dfrac{7}{4}$

⑤ $\dfrac{7}{6} \times \dfrac{1}{9}$

⑥ $\dfrac{5}{11} \times \dfrac{3}{8}$

⑦ $\dfrac{1}{12} \times \dfrac{13}{2}$

⑧ $\dfrac{3}{10} \times \dfrac{3}{5}$

⑨ $\dfrac{7}{5} \times \dfrac{7}{15}$

⑩ $\dfrac{3}{22} \times \dfrac{13}{4}$

答えは71ページ ☞

分数のかけ算 ④

1 計算をしましょう。

① $\dfrac{3}{4} \times \dfrac{5}{9}$

② $\dfrac{7}{10} \times \dfrac{5}{8}$

③ $\dfrac{1}{6} \times \dfrac{6}{5}$

④ $\dfrac{4}{9} \times \dfrac{3}{2}$

⑤ $\dfrac{6}{7} \times \dfrac{7}{18}$

⑥ $\dfrac{9}{16} \times \dfrac{8}{15}$

⑦ $\dfrac{3}{11} \times \dfrac{11}{3}$

⑧ $\dfrac{15}{14} \times \dfrac{7}{27}$

⑨ $\dfrac{12}{25} \times \dfrac{5}{18}$

⑩ $\dfrac{39}{50} \times \dfrac{20}{13}$

答えは71ページ ☞

分数のかけ算 ⑤

月　　日

正解
10個中

個／合格 **9個**

1 計算をしましょう。

❶ $3 \times \dfrac{5}{8}$

❷ $2 \times \dfrac{10}{7}$

❸ $4 \times \dfrac{7}{15}$

❹ $\dfrac{9}{5} \times 11$

❺ $5 \times \dfrac{3}{10}$

❻ $18 \times \dfrac{5}{6}$

❼ $12 \times \dfrac{2}{9}$

❽ $\dfrac{7}{20} \times 16$

❾ $24 \times \dfrac{13}{12}$

❿ $25 \times \dfrac{23}{100}$

答えは71ページ

分数のかけ算 ⑥

1 計算をしましょう。

① $1\frac{2}{3}\times\frac{1}{8}$

② $2\frac{1}{5}\times\frac{3}{7}$

③ $5\frac{1}{3}\times\frac{3}{8}$

④ $1\frac{1}{3}\times4$

⑤ $\frac{2}{23}\times2\frac{7}{8}$

⑥ $\frac{6}{13}\times1\frac{1}{10}$

⑦ $2\frac{3}{4}\times\frac{4}{11}$

⑧ $\frac{14}{15}\times1\frac{1}{8}$

⑨ $7\times1\frac{3}{14}$

⑩ $2\frac{6}{7}\times\frac{14}{25}$

答えは72ページ

分数のかけ算 ⑦

1 計算をしましょう。

① $1\dfrac{1}{9} \times 3\dfrac{3}{5}$

② $9 \times 2\dfrac{2}{9}$

③ $2\dfrac{7}{10} \times 1\dfrac{1}{3}$

④ $1\dfrac{1}{6} \times 2\dfrac{5}{14}$

⑤ $1\dfrac{1}{12} \times 8$

⑥ $2\dfrac{1}{7} \times 5\dfrac{5}{6}$

⑦ $1\dfrac{13}{14} \times 4\dfrac{2}{9}$

⑧ $1\dfrac{7}{8} \times 2\dfrac{2}{5}$

⑨ $2\dfrac{1}{10} \times 1\dfrac{4}{7}$

⑩ $4\dfrac{1}{12} \times 3\dfrac{6}{7}$

逆　数

1 次の数の逆数を求めましょう。

① $\dfrac{3}{5}$

② $\dfrac{7}{10}$

③ $\dfrac{1}{8}$

④ $\dfrac{9}{4}$

⑤ $2\dfrac{1}{6}$

⑥ $1\dfrac{5}{13}$

⑦ 12

⑧ 0.3

整数や小数は，分数
になおして考えよう。

⑨ 0.01

⑩ 1.8

答えは72ページ ☞

まとめテスト ①

1 計算をしましょう。

❶ $\dfrac{1}{8} \times 3$

❷ $\dfrac{4}{15} \times 10$

❸ $\dfrac{1}{6} \times \dfrac{5}{9}$

❹ $\dfrac{5}{12} \times \dfrac{4}{5}$

❺ $9 \times \dfrac{5}{12}$

❻ $\dfrac{15}{14} \times \dfrac{7}{12}$

❼ $2\dfrac{5}{6} \times \dfrac{3}{10}$

❽ $\dfrac{9}{19} \times 2\dfrac{1}{9}$

❾ $2\dfrac{6}{7} \times 21$

❿ $\dfrac{21}{34} \times 2\dfrac{3}{7}$

まとめテスト ②

1 計算をしましょう。

❶ $\dfrac{3}{8} \times 1\dfrac{3}{4}$

❷ $2\dfrac{1}{4} \times 1\dfrac{3}{5}$

❸ $1\dfrac{5}{16} \times 2\dfrac{2}{3}$

❹ $12 \times 2\dfrac{1}{3}$

❺ $2\dfrac{4}{15} \times 3\dfrac{1}{8}$

❻ $2\dfrac{1}{10} \times 2\dfrac{2}{9}$

2 次の数の逆数を求めましょう。

❶ $\dfrac{3}{4}$

❷ $1\dfrac{1}{9}$

❸ 14

❹ 1.3

分数のわり算 ①

1 計算をしましょう。

① $\dfrac{3}{4} \div 4$

② $\dfrac{1}{3} \div 5$

③ $\dfrac{7}{9} \div 3$

④ $\dfrac{5}{2} \div 6$

⑤ $\dfrac{12}{11} \div 5$

⑥ $\dfrac{4}{5} \div 1$

⑦ $\dfrac{7}{12} \div 2$

⑧ $\dfrac{6}{7} \div 11$

⑨ $\dfrac{10}{3} \div 7$

⑩ $\dfrac{13}{15} \div 10$

答えは72ページ

分数のわり算 ②

1 計算をしましょう。

① $\dfrac{2}{5} \div 2$

② $\dfrac{3}{8} \div 6$

③ $\dfrac{12}{7} \div 4$

④ $\dfrac{8}{9} \div 10$

⑤ $\dfrac{9}{10} \div 12$

⑥ $\dfrac{10}{3} \div 25$

⑦ $\dfrac{13}{16} \div 26$

⑧ $\dfrac{33}{20} \div 55$

⑨ $\dfrac{15}{7} \div 21$

⑩ $\dfrac{25}{29} \div 100$

答えは73ページ ☞

LESSON 13 分数のわり算 ③

分数のわり算 ③

1 計算をしましょう。

わる数の逆数をかけよう。

① $\dfrac{1}{9} \div \dfrac{3}{8}$

② $\dfrac{4}{5} \div \dfrac{1}{2}$

③ $\dfrac{1}{6} \div \dfrac{2}{5}$

④ $\dfrac{3}{7} \div \dfrac{7}{5}$

⑤ $\dfrac{5}{9} \div \dfrac{3}{2}$

⑥ $\dfrac{4}{3} \div \dfrac{11}{8}$

⑦ $\dfrac{12}{5} \div \dfrac{7}{3}$

⑧ $\dfrac{4}{15} \div \dfrac{5}{14}$

⑨ $\dfrac{9}{20} \div \dfrac{8}{7}$

⑩ $\dfrac{15}{31} \div \dfrac{2}{3}$

答えは73ページ

分数のわり算 ④

1 計算をしましょう。

① $\dfrac{3}{8} \div \dfrac{6}{7}$

② $\dfrac{1}{8} \div \dfrac{1}{2}$

③ $\dfrac{9}{16} \div \dfrac{3}{4}$

④ $\dfrac{3}{4} \div \dfrac{3}{8}$

⑤ $\dfrac{7}{12} \div \dfrac{5}{8}$

⑥ $\dfrac{9}{4} \div \dfrac{21}{8}$

⑦ $\dfrac{2}{9} \div \dfrac{16}{15}$

⑧ $\dfrac{14}{27} \div \dfrac{7}{9}$

⑨ $\dfrac{12}{38} \div \dfrac{4}{19}$

⑩ $\dfrac{20}{27} \div \dfrac{30}{33}$

分数のわり算 ⑤

1 計算をしましょう。

① $2 \div \dfrac{3}{4}$

② $8 \div \dfrac{1}{5}$

③ $7 \div \dfrac{9}{2}$

④ $5 \div \dfrac{10}{3}$

⑤ $6 \div \dfrac{3}{8}$

⑥ $12 \div \dfrac{4}{9}$

⑦ $33 \div \dfrac{22}{3}$

⑧ $28 \div \dfrac{14}{17}$

⑨ $24 \div \dfrac{18}{25}$

⑩ $75 \div \dfrac{25}{12}$

答えは73ページ ☞

分数のわり算 ⑥

1 計算をしましょう。

① $1\dfrac{1}{4} \div \dfrac{2}{5}$

② $\dfrac{3}{4} \div 1\dfrac{3}{8}$

③ $1\dfrac{3}{5} \div 8$

④ $\dfrac{3}{10} \div 1\dfrac{2}{7}$

⑤ $\dfrac{14}{15} \div 2\dfrac{1}{3}$

⑥ $1\dfrac{2}{9} \div \dfrac{1}{9}$

⑦ $1\dfrac{3}{10} \div \dfrac{26}{35}$

⑧ $12 \div 2\dfrac{2}{5}$

⑨ $\dfrac{15}{49} \div 4\dfrac{2}{7}$

⑩ $3\dfrac{2}{5} \div \dfrac{34}{45}$

答えは73ページ

分数のわり算 ⑦

1 計算をしましょう。

① $2\dfrac{2}{3} \div 1\dfrac{2}{5}$

② $1\dfrac{1}{7} \div 1\dfrac{2}{7}$

③ $1\dfrac{5}{8} \div 2\dfrac{1}{4}$

④ $2\dfrac{2}{3} \div 10$

⑤ $4\dfrac{1}{3} \div 3\dfrac{5}{7}$

⑥ $2\dfrac{1}{10} \div 3\dfrac{3}{5}$

⑦ $2 \div 2\dfrac{4}{11}$

⑧ $2\dfrac{5}{6} \div 3\dfrac{7}{9}$

⑨ $2\dfrac{1}{12} \div 3\dfrac{1}{8}$

⑩ $1\dfrac{5}{33} \div 2\dfrac{2}{11}$

答えは73ページ☞

積や商の大きさ

月　日

正解
8個中

個／合格 7個

1 □にあてはまる等号か不等号を書きましょう。

❶ $15 \times \dfrac{2}{5}$ □ 15

❷ $\dfrac{2}{3} \times \dfrac{9}{4}$ □ $\dfrac{2}{3}$

❸ $1\dfrac{1}{2} \times 1$ □ $1\dfrac{1}{2}$

❹ $\dfrac{3}{11} \times 1\dfrac{5}{6}$ □ $\dfrac{3}{11}$

2 □にあてはまる等号か不等号を書きましょう。

❶ $\dfrac{7}{3} \div \dfrac{7}{9}$ □ $\dfrac{7}{3}$

❷ $2\dfrac{1}{4} \div 1$ □ $2\dfrac{1}{4}$

> 1より小さい数で
> わられると，大
> きくなるよ。

❸ $13 \div \dfrac{26}{15}$ □ 13

❹ $2\dfrac{5}{8} \div 2\dfrac{7}{10}$ □ $2\dfrac{5}{8}$

答えは73ページ ☞

まとめテスト ③

月　　日
正解
10個中
個／合格
9個

1 計算をしましょう。

① $\dfrac{5}{6} \div \dfrac{5}{7}$

② $\dfrac{5}{13} \div 10$

③ $\dfrac{1}{8} \div \dfrac{4}{3}$

④ $\dfrac{4}{9} \div \dfrac{8}{15}$

⑤ $9 \div \dfrac{3}{14}$

⑥ $\dfrac{13}{16} \div \dfrac{13}{6}$

⑦ $1\dfrac{5}{8} \div \dfrac{1}{3}$

⑧ $\dfrac{5}{9} \div 2\dfrac{1}{12}$

⑨ $1\dfrac{4}{11} \div 25$

⑩ $1\dfrac{7}{9} \div \dfrac{4}{21}$

答えは74ページ ☞

まとめテスト ④

1 計算をしましょう。

❶ $\dfrac{2}{3} \div 3\dfrac{1}{7}$

❷ $24 \div 3\dfrac{1}{5}$

❸ $4\dfrac{1}{6} \div 1\dfrac{1}{9}$

❹ $1\dfrac{9}{10} \div 2\dfrac{8}{15}$

❺ $1\dfrac{5}{18} \div 2\dfrac{5}{9}$

❻ $1\dfrac{4}{21} \div 3\dfrac{1}{33}$

2 □にあてはまる不等号を書きましょう。

❶ $\dfrac{1}{5} \times \dfrac{7}{8}$ □ $\dfrac{1}{5}$

❷ $\dfrac{5}{6} \times \dfrac{3}{2}$ □ $\dfrac{5}{6}$

❸ $\dfrac{3}{11} \div \dfrac{9}{10}$ □ $\dfrac{3}{11}$

❹ $21 \div 1\dfrac{3}{4}$ □ 21

答えは74ページ ☞

1 計算をしましょう。

① $\dfrac{2}{3} \times \dfrac{2}{7} \times \dfrac{7}{9}$

② $\dfrac{1}{2} \times \dfrac{7}{9} \times \dfrac{3}{7}$

③ $\dfrac{2}{5} \times \dfrac{3}{4} \times \dfrac{5}{6}$

④ $\dfrac{8}{7} \times \dfrac{1}{15} \times \dfrac{5}{4}$

⑤ $\dfrac{3}{2} \times 8 \times \dfrac{4}{15}$

⑥ $\dfrac{13}{16} \times \dfrac{1}{3} \times \dfrac{9}{26}$

⑦ $\dfrac{5}{21} \times \dfrac{3}{20} \times 7$

答えは74ページ ☞

分数のかけ算とわり算 ②

1 計算をしましょう。

❶ $\dfrac{1}{3} \times 1\dfrac{4}{5} \times \dfrac{4}{5}$

❷ $1\dfrac{1}{3} \times \dfrac{6}{7} \times \dfrac{7}{9}$

❸ $1\dfrac{3}{7} \times \dfrac{2}{3} \times 2\dfrac{1}{10}$

❹ $1\dfrac{1}{8} \times 12 \times \dfrac{5}{18}$

❺ $1\dfrac{4}{11} \times 2\dfrac{1}{3} \times 1\dfrac{4}{7}$

2 ☐にあてはまる分数を書きましょう。ただし，☐は約分できない分数でなければいけません。

❶ $\boxed{} \times \dfrac{5}{2} \times \dfrac{9}{5} = 1$

❷ $1\dfrac{1}{9} \times 3 \times \boxed{} = \dfrac{1}{3}$

分数のかけ算とわり算 ③

1 計算をしましょう。

① $\dfrac{5}{9} \times \dfrac{7}{10} \div \dfrac{3}{4}$

② $\dfrac{1}{2} \div \dfrac{6}{7} \times \dfrac{3}{7}$

③ $\dfrac{2}{3} \times \dfrac{5}{4} \div \dfrac{5}{9}$

④ $\dfrac{2}{7} \div \dfrac{5}{14} \div \dfrac{1}{10}$

⑤ $\dfrac{4}{15} \div 5 \times \dfrac{5}{6}$

⑥ $\dfrac{3}{2} \div \dfrac{8}{5} \div \dfrac{15}{4}$

かけ算だけの式
にしてしまおう。

⑦ $\dfrac{16}{21} \times \dfrac{3}{20} \div 8$

答えは74ページ ☞

分数のかけ算とわり算 ④

1 計算をしましょう。

① $\dfrac{3}{8} \div \dfrac{1}{4} \times \dfrac{5}{6}$

② $\dfrac{6}{5} \times \dfrac{3}{10} \div \dfrac{9}{5}$

③ $\dfrac{2}{9} \div \dfrac{5}{16} \div \dfrac{8}{15}$

④ $28 \div \dfrac{18}{11} \times \dfrac{9}{14}$

⑤ $\dfrac{13}{24} \times \dfrac{15}{26} \div \dfrac{5}{8}$

⑥ $\dfrac{34}{25} \div \dfrac{17}{12} \times \dfrac{5}{36}$

⑦ $\dfrac{15}{4} \div 6 \div 25$

分数のかけ算とわり算 ⑤

1 計算をしましょう。

❶ $\dfrac{3}{5} \times 1\dfrac{5}{9} \div \dfrac{7}{10}$

❷ $2\dfrac{1}{4} \div 18 \times \dfrac{8}{11}$

❸ $\dfrac{6}{7} \times 1\dfrac{3}{4} \div 2\dfrac{2}{5}$

❹ $1\dfrac{1}{14} \div \dfrac{3}{7} \div 2\dfrac{1}{10}$

❺ $12 \div 2\dfrac{1}{6} \times \dfrac{13}{8}$

❻ $3\dfrac{1}{3} \div 4\dfrac{1}{2} \div 8$

❼ $1\dfrac{2}{9} \div 1\dfrac{7}{8} \times 2\dfrac{3}{11}$

答えは74ページ ☞

分数のかけ算とわり算 ⑥

1 計算をしましょう。

① $\dfrac{5}{6} \div 2\dfrac{1}{7} \times \dfrac{21}{8}$

② $2\dfrac{2}{3} \times 1\dfrac{3}{4} \div \dfrac{7}{15}$

③ $1\dfrac{5}{12} \div 34 \div 3\dfrac{1}{2}$

④ $8 \times 1\dfrac{8}{19} \div 12$

⑤ $1\dfrac{7}{8} \div 1\dfrac{11}{14} \times 2\dfrac{2}{9}$

2 □にあてはまる分数を書きましょう。ただし，□は約分できない分数でなければいけません。

① $\boxed{} \div \dfrac{3}{5} \div \dfrac{4}{3} = 1$

② $1\dfrac{1}{6} \times \boxed{} \div \dfrac{14}{15} = \dfrac{1}{2}$

分数の計算 ①

1 計算をしましょう。

❶ $\dfrac{3}{8}\times\dfrac{11}{12}-\dfrac{1}{4}$

❷ $\dfrac{1}{10}\div\dfrac{6}{5}+\dfrac{5}{6}$

❸ $\dfrac{2}{5}+1\dfrac{2}{3}\times\dfrac{2}{15}$

❹ $\dfrac{7}{12}-\dfrac{2}{7}\div2\dfrac{2}{7}$

❺ $1\dfrac{1}{8}\div3\dfrac{3}{5}-\dfrac{1}{24}$

❻ $4-2\dfrac{1}{4}\times\dfrac{8}{15}$

❼ $1\dfrac{3}{7}+2\dfrac{7}{10}\div1\dfrac{5}{16}$

分数の計算 ②

1 計算をしましょう。

① $\dfrac{1}{6} \times \dfrac{6}{7} + \dfrac{3}{4} \times \dfrac{8}{9}$

② $\dfrac{3}{10} \div \dfrac{2}{5} - \dfrac{4}{9} \times \dfrac{6}{5}$

③ $\dfrac{7}{12} \div \dfrac{8}{15} - \dfrac{4}{7} \div \dfrac{16}{21}$

④ $1\dfrac{1}{2} \times \dfrac{4}{9} + 3\dfrac{1}{3} \div \dfrac{5}{7}$

⑤ $\dfrac{3}{4} \div 2\dfrac{1}{2} \times \dfrac{1}{9} - \dfrac{1}{45}$

⑥ $\dfrac{6}{7} - \dfrac{7}{8} \times \dfrac{3}{14} \times 4$

まず，わり算を
かけ算になおして…

⑦ $3 - \dfrac{5}{6} \div 3\dfrac{1}{3} \div 2\dfrac{1}{2}$

答えは75ページ ☞

計算のきまり ①

1 □にあてはまる数を書きましょう。

❶ $\dfrac{3}{4} \times \dfrac{7}{11} = \dfrac{7}{11} \times \boxed{}$

❷ $2\dfrac{2}{5} \times \dfrac{9}{10} = \boxed{} \times 2\dfrac{2}{5}$

❸ $\left(\dfrac{1}{13} \times \dfrac{5}{2}\right) \times \dfrac{8}{5} = \boxed{} \times \left(\dfrac{5}{2} \times \dfrac{8}{5}\right)$

❹ $\left(\dfrac{2}{9} \times 1\dfrac{6}{7}\right) \times \dfrac{7}{13} = \dfrac{2}{9} \times \left(1\dfrac{6}{7} \times \boxed{}\right)$

❺ $\left(\dfrac{2}{3} + \dfrac{2}{7}\right) \times 21 = \dfrac{2}{3} \times \boxed{} + \dfrac{2}{7} \times 21$

❻ $\dfrac{3}{8} \times \left(\dfrac{2}{3} + \dfrac{4}{5}\right) = \dfrac{3}{8} \times \dfrac{2}{3} + \dfrac{3}{8} \times \boxed{}$

❼ $10 \times \dfrac{5}{8} + 6 \times \dfrac{5}{8} = (10 + 6) \times \boxed{}$

❽ $\dfrac{2}{5} \times \dfrac{7}{10} - \dfrac{1}{3} \times \dfrac{7}{10} = \left(\boxed{} - \dfrac{1}{3}\right) \times \dfrac{7}{10}$

答えは75ページ ☞

計算のきまり ②

1 くふうして計算しましょう。

❶ $\dfrac{5}{6} \times \left(\dfrac{6}{5} \times \dfrac{4}{13} \right)$

❷ $\left(\dfrac{8}{9} \times \dfrac{4}{11} \right) \times 2\dfrac{3}{4}$

❸ $\left(\dfrac{5}{7} + \dfrac{1}{2} \right) \times 14$

❹ $\dfrac{20}{7} \times \left(\dfrac{1}{4} + \dfrac{1}{5} \right)$

❺ $\left(\dfrac{2}{3} - \dfrac{1}{10} \right) \times \dfrac{30}{11}$

❻ $18 \times \left(\dfrac{5}{6} - \dfrac{2}{9} \right)$

❼ $5 \times \dfrac{5}{8} + 11 \times \dfrac{5}{8}$

❽ $\dfrac{1}{3} \times \dfrac{6}{7} - \dfrac{1}{4} \times \dfrac{6}{7}$

答えは75ページ ☞

まとめテスト ⑤

1 計算をしましょう。

① $\dfrac{9}{10} \times \dfrac{1}{3} \times \dfrac{5}{2}$

② $\dfrac{16}{21} \times \dfrac{2}{15} \div \dfrac{4}{7}$

③ $2 \div \dfrac{8}{9} \times 3\dfrac{1}{3}$

④ $\dfrac{11}{15} \div 3\dfrac{1}{5} \div 2\dfrac{3}{4}$

⑤ $\dfrac{4}{5} \times 3\dfrac{1}{3} + 1\dfrac{1}{6}$

⑥ $2 - \dfrac{3}{5} \div 2\dfrac{5}{8}$

⑦ $\left(\dfrac{7}{10} \times \dfrac{4}{9} \right) \times 2\dfrac{1}{4}$

まとめテスト ⑥

月　　日

正解
7個中

個 / 合格 6個

1 計算をしましょう。

① $\dfrac{4}{7} \times 21 \times 1\dfrac{5}{6}$

② $\dfrac{2}{5} \div 1\dfrac{2}{3} \div \dfrac{2}{15}$

③ $1\dfrac{5}{12} + 1\dfrac{1}{8} \div \dfrac{9}{16}$

④ $\dfrac{1}{5} \div \dfrac{9}{20} - 1\dfrac{5}{6} \times \dfrac{1}{5}$

⑤ $2\dfrac{1}{18} - \dfrac{17}{24} \times \dfrac{8}{9} \div 34$

⑥ $\left(\dfrac{3}{10} + \dfrac{1}{6}\right) \times 30$

⑦ $\dfrac{3}{8} \times \dfrac{5}{9} - \dfrac{3}{8} \times \dfrac{1}{2}$

答えは76ページ

分数や小数の たし算とひき算 ①

1 計算をしましょう。

どんな小数も
分数になおせるよ。

① $0.5 + \dfrac{3}{10}$

② $\dfrac{2}{3} + 0.3$

③ $\dfrac{1}{4} + 0.6$

④ $1.2 + \dfrac{3}{7}$

⑤ $2\dfrac{1}{6} + 0.4$

⑥ $2.6 + \dfrac{2}{9}$

⑦ $0.25 + \dfrac{1}{7}$

⑧ $2\dfrac{1}{3} + 1.8$

⑨ $0.35 + \dfrac{3}{10}$

⑩ $1\dfrac{2}{15} + 1.04$

答えは76ページ

分数や小数の たし算とひき算 ②

1 計算をしましょう。

① $\dfrac{1}{2}-0.2$

② $0.4-\dfrac{1}{3}$

③ $1.6-\dfrac{2}{9}$

④ $\dfrac{7}{8}-0.05$

⑤ $3\dfrac{1}{7}-0.9$

⑥ $2.1-\dfrac{7}{30}$

⑦ $4\dfrac{11}{15}-1.7$

⑧ $1.25-\dfrac{3}{11}$

⑨ $3.8-1\dfrac{7}{12}$

⑩ $\dfrac{1}{2}-0.16$

1 計算をしましょう。

❶ $\dfrac{1}{6}+0.1+\dfrac{2}{3}$

❷ $0.4+\dfrac{3}{10}-\dfrac{1}{5}$

❸ $\dfrac{5}{6}-\dfrac{3}{8}+1.5$

❹ $2\dfrac{2}{5}-0.08-\dfrac{13}{15}$

❺ $2\dfrac{7}{12}+\dfrac{8}{15}+1.3$

❻ $2.45-1\dfrac{4}{5}+\dfrac{1}{8}$

❼ $4\dfrac{5}{6}-\dfrac{11}{30}-2.7$

答えは76ページ ☞

分数や小数の かけ算とわり算 ①

1 小数を分数で表して計算しましょう。

① $0.7 \times \dfrac{1}{3}$

② $\dfrac{3}{8} \times 0.4$

③ $\dfrac{5}{9} \times 1.2$

④ $1.5 \times \dfrac{6}{5}$

⑤ $\dfrac{16}{13} \times 0.13$

⑥ $1\dfrac{3}{7} \times 0.08$

⑦ $4.8 \times 3\dfrac{3}{4}$

⑧ $0.34 \times 1\dfrac{3}{17}$

⑨ 3.2×2.5

⑩ 2.3×1.25

1 小数を分数で表して計算しましょう。

① $\dfrac{6}{7} \div 0.3$

② $0.1 \div \dfrac{9}{10}$

③ $\dfrac{13}{15} \div 2.6$

④ $1.9 \div \dfrac{11}{4}$

⑤ $0.05 \div 1\dfrac{1}{6}$

⑥ $2\dfrac{4}{5} \div 0.28$

⑦ $5.6 \div 4\dfrac{4}{13}$

⑧ $1\dfrac{5}{18} \div 1.75$

⑨ $3.4 \div 2.2$

⑩ $3 \div 0.09$

答えは76ページ ☞

1 計算をしましょう。

① $\dfrac{5}{6} \times \dfrac{4}{7} \times 1.4$

② $\dfrac{3}{8} \div 0.9 \times \dfrac{12}{5}$

③ $0.8 \div 0.65 \div \dfrac{4}{7}$

④ $2.5 \times 1\dfrac{1}{17} \times 0.85$

⑤ $\dfrac{3}{10} \div 0.75 \times \dfrac{9}{14}$

⑥ $\dfrac{7}{3} \times 0.8 \div 28$

⑦ $3.5 \div 3\dfrac{1}{3} \div \dfrac{7}{8}$

分数や小数の
かけ算とわり算 ④

月　　日

正解
7個中

個 ／ 合格
6個

1 計算をしましょう。

❶ $\dfrac{3}{5} \div 0.36 \times 0.8$

❷ $0.21 \times 19 \div 4.2$

❸ $1.8 \div 5.25 \div 0.39$

❹ $2.8 \times \dfrac{9}{10} \div 1.68$

❺ $0.33 \div 1.75 \div 3\dfrac{1}{7}$

❻ $30 \div 36 \times 14$

❼ $5.6 \times 0.05 \div 21$

答えは77ページ

分数や小数の
かけ算とわり算 ⑤

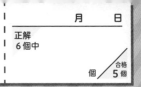

月　日

正解
6個中

個　／合格
　　　5個

---

1 計算をしましょう。

❶ $\dfrac{20}{21} \times 0.9 \div \dfrac{15}{28} \times \dfrac{3}{10}$

❷ $1\dfrac{3}{14} \div 1.25 \div 34 \times \dfrac{10}{13}$

❸ $1.5 \div \dfrac{8}{3} \times 2 \div 2.1$

❹ $8 \div 9 \div 18 \times 12$

❺ $\dfrac{2}{7} \div 2.4 \div \dfrac{4}{9} \times 0.14$

落ち着いて
計算しよう!

❻ $1.15 \times 1.7 \times 0.4 \div 0.92$

答えは77ページ ☞

まとめテスト ⑦

1 計算をしましょう。

❶ $\dfrac{2}{7}+0.2$

❷ $1.1 \div \dfrac{11}{15}$

❸ $1\dfrac{1}{9} \times 0.05$

❹ $2.4 - 1\dfrac{1}{6}$

❺ $\dfrac{8}{5} \div 1.3$

❻ $1.75 + \dfrac{9}{14}$

❼ $2\dfrac{1}{3} - 0.36$

❽ $2.5 \times 1\dfrac{5}{11}$

❾ $\dfrac{5}{6} + 2.3$

❿ $1.8 \div 5.6$

答えは77ページ ☞

まとめテスト ⑧

月　　日

正解
7個中

個　／合格 6個

1 計算をしましょう。

❶ $1\dfrac{6}{7}+2.1-\dfrac{3}{35}$

❷ $3.25-1\dfrac{2}{9}-\dfrac{11}{12}$

❸ $\dfrac{13}{16}\times0.48\div\dfrac{13}{15}$

❹ $1.6\div1\dfrac{3}{7}\div0.21$

❺ $25\div33\times0.09$

❻ $54\div2\dfrac{7}{10}\div\dfrac{17}{18}\times5.1$

❼ $0.8\div0.45\div28\times4.9$

答えは77ページ☞

分数や小数の計算 ①

1 計算をしましょう。

① $\dfrac{10}{7} \times 1.4 - \dfrac{3}{16}$

② $0.28 \div 1\dfrac{4}{5} + 1.6$

③ $1.5 + 1\dfrac{5}{9} \times \dfrac{4}{7}$

④ $3 - 0.12 \div 2\dfrac{1}{10}$

⑤ $0.09 \times 1\dfrac{8}{27} + 1\dfrac{5}{6}$

⑥ $3.2 - 2\dfrac{1}{6} \times \dfrac{5}{13}$

⑦ $1.75 + 1\dfrac{1}{15} \div 1.92$

答えは77ページ

分数や小数の計算 ②

1 計算をしましょう。

① $4.4 \times \dfrac{5}{8} - \dfrac{2}{3} \times 0.9$

② $1.5 \div \dfrac{9}{16} - 1.25 \times \dfrac{2}{3}$

③ $\dfrac{1}{6} \times 1.8 \div 3\dfrac{3}{5} + 3.15$

④ $1\dfrac{3}{7} - 2\dfrac{1}{7} \times 0.32 \div 8$

⑤ $1 - 2\dfrac{1}{9} \div 10 \div 0.57$

答えは77ページ ☞

分数や小数の計算 ③

1 計算をしましょう。

❶ $\dfrac{2}{15} \div \left(\dfrac{3}{8} + 0.4 \right)$

❷ $\left(2\dfrac{1}{2} - 1.75 \right) \times \dfrac{3}{11}$

❸ $0.45 \times \left(1.6 + \dfrac{2}{15} \right)$

❹ $4.9 \div \left(1\dfrac{1}{3} - 1.1 \right)$

かっこの中から
計算しよう。

❺ $\left(0.85 + \dfrac{5}{12} \right) \times 4\dfrac{2}{7}$

答えは77ページ ☞

分数や小数の計算 ④

1 計算をしましょう。

❶ $\left(\dfrac{2}{3}+\dfrac{2}{7}\right)\times0.18-0.1$

❷ $\dfrac{5}{9}\times\left(1.25-\dfrac{5}{8}\right)\div2.5$

❸ $3\div0.05\times\left(\dfrac{1}{6}+2.8\right)$

❹ $\left(2\dfrac{1}{2}-1.3+\dfrac{3}{4}\right)\div2.1$

❺ $2.6+\left(\dfrac{19}{25}+0.14\right)\div3.3$

答えは77ページ ☞

x の値を求める計算 ①

1 x にあてはまる数を求めましょう。

❶ $x+5=23$

❷ $x-8=38$

❸ $14+x=52$

❹ $x×12=72$

❺ $29-x=13$

❻ $x÷15=10$

❼ $84÷x=21$

❽ $7×x=98$

❾ $115-x=47$

❿ $136÷x=4$

x の値を求める計算 ②

1 x にあてはまる数を求めましょう。

❶ $x \times 4 = 5.6$

❷ $1.8 + x = 3.1$

❸ $x - 2.3 = 4.03$

❹ $7.8 \div x = 6$

❺ $x + \dfrac{1}{7} = \dfrac{3}{4}$

❻ $x \div \dfrac{8}{15} = 12$

❼ $2 - x = 1\dfrac{2}{5}$

❽ $3\dfrac{1}{5} \times x = \dfrac{2}{3}$

❾ $x - 0.45 = \dfrac{11}{12}$

❿ $1\dfrac{2}{7} \div x = 0.75$

まとめテスト ⑨

1 計算をしましょう。

❶ $\dfrac{5}{14}+0.9\div1\dfrac{1}{6}$

❷ $2\dfrac{3}{11}\times0.18-0.25$

❸ $3.4\div10\dfrac{1}{5}-7\dfrac{1}{7}\times0.03$

❹ $4\div1.44\times\dfrac{1}{10}+\dfrac{8}{9}$

❺ $1\dfrac{5}{28}\times\left(1.25-\dfrac{5}{18}\right)$

❻ $\left(0.4+\dfrac{9}{16}\right)\div5.6$

答えは78ページ ☞

まとめテスト ⑩

1 計算をしましょう。

❶ $1.5 - \dfrac{4}{5} \div 0.6 \div 3\dfrac{1}{9}$

❷ $7.7 \div \left(4\dfrac{4}{15} - 3\dfrac{7}{9}\right) \times 8$

❸ $3 - \left(3\dfrac{8}{25} - 2.06\right) \div 0.51$

2 x にあてはまる数を求めましょう。

❶ $28 + x = 111$
　　　　　　　　❷ $x \times \dfrac{2}{3} = 1\dfrac{2}{9}$

❸ $x - 1.7 = 2.35$
　　　　　　　　❹ $0.48 \div x = 2\dfrac{1}{10}$

答えは78ページ☞

円の面積の計算 ①

1 次の円の面積を求めましょう。

❶ 半径 3 cm の円

❷ 直径 12 cm の円

[　　　　　]　　　[　　　　　]

2 次の図形の面積を求めましょう。

❶

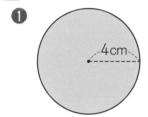
4cm

❷

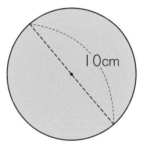
10cm

[　　　　　]　　　[　　　　　]

3 次の円の面積を求めましょう。

❶ 円周が 12.56 cm の円

❷ 円周が 62.8 cm の円

[　　　　　]　　　[　　　　　]

答えは78ページ ☞

円の面積の計算 ②

1 次の図形の面積を求めましょう。

❶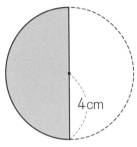
4cm

❷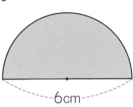
6cm

[　　　　　　　]　　　[　　　　　　　]

❸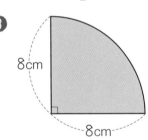
8cm
8cm

❹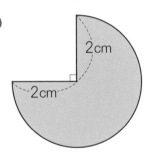
2cm
2cm

[　　　　　　　]　　　[　　　　　　　]

答えは78ページ ☞

円の面積の計算 ③

1 次の図で，色のついた部分の面積を求めましょう。

❶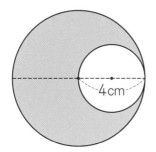

❷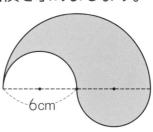

[　　　　　] 　　[　　　　　]

❸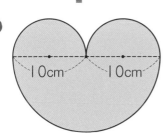

❹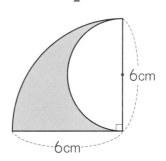

[　　　　　] 　　[　　　　　]

円の面積の計算 ④

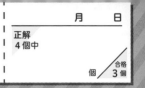

1 次の図で，色のついた部分の面積を求めましょう。

 ❶

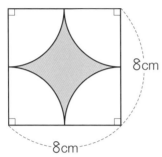

8cm

8cm

❷

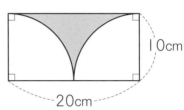

10cm

20cm

[　　　　　]　　　[　　　　　]

❸

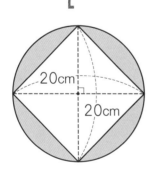

20cm

20cm

❹

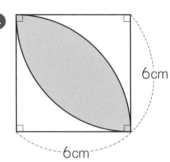

6cm

6cm

[　　　　　]　　　[　　　　　]

答えは79ページ ☞

まとめテスト ⑪

1 次の円の面積を求めましょう。

❶ 半径 5 cm の円

[　　　　　　]

❷ 直径 16 cm の円

[　　　　　　]

❸ 円周が 18.84 cm の円

[　　　　　　]

2 次の図形の面積を求めましょう。

❶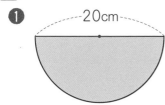

❷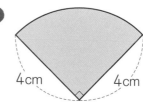

[　　　　]　　　[　　　　]

答えは79ページ☞

まとめテスト ⑫

1 次の図で，色のついた部分の面積を求めましょう。

❶
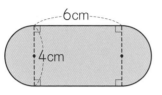

❷
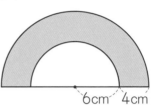

[　　　　　]　　　[　　　　　]

❸
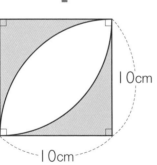

❹
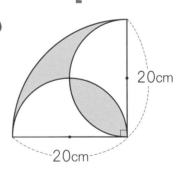

[　　　　　]　　　[　　　　　]

答えは79ページ

等しい比 ①

1 次の比の値を求めましょう。

❶ 3 : 5

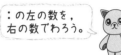

：の左の数を，
右の数でわろう。

❷ 11 : 27

❸ 10 : 15 　　　　❹ 28 : 21

❺ 16 : 32 　　　　❻ 75 : 25

2 次の比を簡単にしましょう。

❶ 4 : 6 　　　　❷ 50 : 10

❸ 12 : 28 　　　　❹ 66 : 54

❺ 30 : 120 　　　　❻ 320 : 180

答えは79ページ ☞

等しい比 ②

1 次の比を簡単にしましょう。

① $1.2 : 1.5$

② $0.6 : 2.4$

③ $4 : 2.5$

④ $1.6 : 2$

⑤ $1.3 : 0.13$

⑥ $\dfrac{1}{2} : \dfrac{2}{3}$

⑦ $\dfrac{1}{6} : \dfrac{7}{12}$

⑧ $\dfrac{3}{8} : \dfrac{2}{5}$

⑨ $\dfrac{4}{9} : 2$

⑩ $\dfrac{9}{10} : \dfrac{6}{5}$

答えは79ページ ☞

等しい比 ③

1 次の比の値を求めましょう。

❶ 1.6 : 2.4

❷ 1.5 : 4

❸ 1.8 : 7.8

❹ 1.5 : 0.25

❺ $\dfrac{1}{5} : \dfrac{2}{3}$

❻ $2 : \dfrac{5}{2}$

❼ $\dfrac{5}{12} : \dfrac{2}{15}$

❽ $\dfrac{1}{4} : 1\dfrac{3}{8}$

❾ $\dfrac{3}{10} : 0.8$

❿ $2.5 : \dfrac{5}{14}$

答えは79ページ

等しい比 ④

1 3：4 と等しい比を，次の⑦～⑦からすべて選びましょう。

⑦ 16：18　　④ 1.2：1.6　　⑦ $\dfrac{1}{3}:\dfrac{5}{9}$

[　　　　　　　]

2 5：2 と等しい比を，次の⑦～⑦からすべて選びましょう。

⑦ 75：30　　④ 1：0.6　　⑦ $\dfrac{1}{2}:\dfrac{2}{5}$

[　　　　　　　]

3 1：7 と等しい比を，次の⑦～⑦からすべて選びましょう。

⑦ 12：72　　④ 6：4.2　　⑦ 0.2：$1\dfrac{2}{5}$

[　　　　　　　]

4 8：3 と等しい比を，次の⑦～⑦からすべて選びましょう。

⑦ 104：42　　④ 28：10.5　　⑦ 6：$2\dfrac{1}{4}$

[　　　　　　　]

答えは79ページ ☞

等しい比 ⑤

1 次の式で，x の表す数を求めましょう。

❶ $4 : 5 = 20 : x$

❷ $50 : 70 = x : 7$

❸ $8 : 3 = x : 27$

❹ $36 : 66 = 6 : x$

❺ $65 : x = 13 : 5$

❻ $x : 10 = 39 : 30$

❼ $x : 64 = 7 : 8$

❽ $6 : x = 72 : 60$

❾ $99 : 22 = x : 2$

❿ $x : 7 = 150 : 105$

答えは79ページ ☞

等しい比 ⑥

1 次の式で, x（エックス）の表す数を求めましょう。

❶ $7 : 2 = x : 2.4$

❷ $4.5 : 6 = 3 : x$

❸ $x : 5 = 1.9 : 9.5$

❹ $3.2 : x = 2 : 9$

❺ $3 : 7 = \dfrac{1}{3} : x$

❻ $2 : \dfrac{3}{5} = x : 3$

❼ $11 : x = 1\dfrac{5}{6} : \dfrac{2}{3}$

❽ $x : 1\dfrac{3}{4} = 2 : 3$

答えは80ページ ☞

まとめテスト ⑬

1 次の比の値^{あたい}を求めましょう。

❶ $2 : 11$

❷ $20 : 12$

❸ $1.5 : 2.4$

❹ $\dfrac{1}{4} : \dfrac{1}{12}$

2 次の比を簡単^{かんたん}にしましょう。

❶ $10 : 14$

❷ $160 : 80$

❸ $5.6 : 3.5$

❹ $0.8 : 3$

❺ $\dfrac{5}{6} : \dfrac{7}{12}$

❻ $1.2 : \dfrac{1}{9}$

答えは80ページ ☞

まとめテスト ⑭

1 次の式で，x（エックス）の表す数を求めましょう。

❶ $3 : 7 = 24 : x$

❷ $44 : 36 = x : 9$

❸ $5 : x = 60 : 144$

❹ $0.2 : 0.8 = x : 4$

❺ $8.4 : x = 7 : 3$

❻ $8 : 15 = 4.8 : x$

❼ $3 : x = \dfrac{6}{7} : 4$

❽ $x : \dfrac{2}{3} = 9 : 8$

❾ $7 : x = 1\dfrac{1}{6} : 2.5$

❿ $x : 0.75 = 4 : 21$

答えは80ページ ☞

1 次の角柱の体積を求めましょう。

❶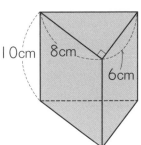

10cm　8cm　6cm

❷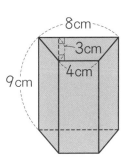

8cm　3cm　4cm　9cm

[　　　　　　　　　　] [　　　　　　　　　　]

❸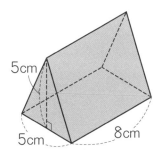

5cm　5cm　8cm

❹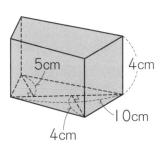

5cm　4cm　10cm　4cm

[　　　　　　　　　　] [　　　　　　　　　　]

答えは80ページ ☞

角柱や円柱の 体積の計算 ②

1 次の円柱の体積を求めましょう。

 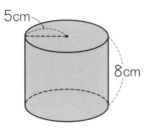

 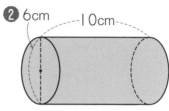

[　　　　　] 　　　[　　　　　]

2 次の角柱や円柱の体積を求めましょう。

❶ 底面積が 15 cm² , 高さが 4 cm の四角柱

[　　　　　]

❷ 底面が半径 10 cm の円で, 高さが 7 cm の円柱

[　　　　　]

❸ 底面が底辺 4 cm, 高さ 12 cm の三角形で, 高さが 5 cm の三角柱

[　　　　　]

答えは80ページ

角柱や円柱の 体積の計算 ③

1 次の展開図を組み立ててできる角柱や円柱の体積を求め
ましょう。

❶
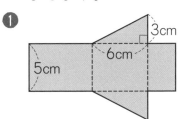

3cm
6cm
5cm

❷
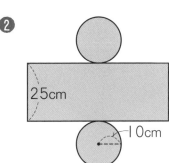

25cm
10cm

[　　　　　　　]　　[　　　　　　　]

❸
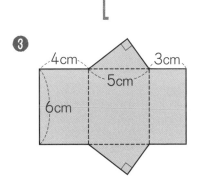

4cm
5cm
3cm
6cm

❹
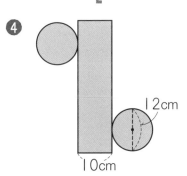

12cm
10cm

[　　　　　　　]　　[　　　　　　　]

答えは80ページ ☞

1 次の立体の体積を求めましょう。

❶
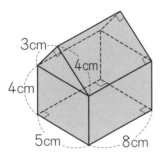

3cm
4cm
4cm
5cm
8cm

❷
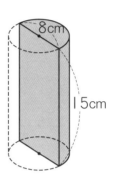

8cm
15cm

[　　　　　　　]　　[　　　　　　　]

❸
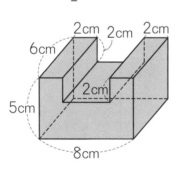

2cm　2cm　2cm
6cm
2cm
5cm
8cm

❹
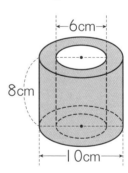

←6cm→
8cm
←10cm→

[　　　　　　　]　　[　　　　　　　]

まとめテスト ⑮

1 次の角柱や円柱の体積を求めましょう。

❶
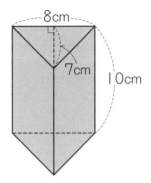

❷
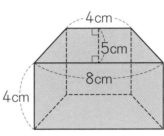

[　　　　　] 　 [　　　　　]

❸

❹
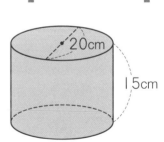

[　　　　　] 　 [　　　　　]

答えは80ページ ☞

まとめテスト ⑯

1 次の展開図を組み立ててできる角柱や円柱の体積を求めましょう。

❶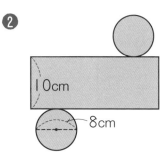

6cm
15cm
10cm
5cm

❷

10cm
8cm

[　　　　　　] [　　　　　　]

2 次の立体の体積を求めましょう。

❶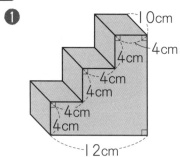

10cm
4cm
4cm
4cm
4cm
4cm
12cm

❷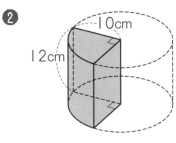

10cm
12cm

[　　　　　　] [　　　　　　]

答えは80ページ ☞

① 分数のかけ算① 　　1ページ

1 ❶ $\dfrac{4}{5}$ ❷ $\dfrac{5}{6}$ ❸ $\dfrac{12}{7}\left(1\dfrac{5}{7}\right)$

❹ $\dfrac{8}{3}\left(2\dfrac{2}{3}\right)$ ❺ $\dfrac{12}{5}\left(2\dfrac{2}{5}\right)$

❻ $\dfrac{4}{9}$ ❼ $\dfrac{12}{13}$ ❽ $\dfrac{18}{11}\left(1\dfrac{7}{11}\right)$

❾ $\dfrac{55}{8}\left(6\dfrac{7}{8}\right)$ ❿ $\dfrac{27}{22}\left(1\dfrac{5}{22}\right)$

≫考え方 分数×整数 の計算は，分母はそのままで，分子にその整数をかけます。

❶ $\dfrac{2}{5}\times2=\dfrac{2\times2}{5}=\dfrac{4}{5}$

② 分数のかけ算② 　　2ページ

1 ❶ $\dfrac{1}{3}$ ❷ $\dfrac{3}{2}\left(1\dfrac{1}{2}\right)$ ❸ $\dfrac{2}{3}$

❹ 28 ❺ $\dfrac{6}{5}\left(1\dfrac{1}{5}\right)$ ❻ $\dfrac{15}{4}\left(3\dfrac{3}{4}\right)$

❼ $\dfrac{33}{8}\left(4\dfrac{1}{8}\right)$ ❽ 60

❾ $\dfrac{21}{2}\left(10\dfrac{1}{2}\right)$ ❿ $\dfrac{15}{2}\left(7\dfrac{1}{2}\right)$

≫考え方 計算の途中で約分できるときは，約分しておきます。

❶ $\dfrac{1}{6}\times2=\dfrac{1\times\overset{1}{\cancel{2}}}{\underset{3}{\cancel{6}}}=\dfrac{1}{3}$

③ 分数のかけ算③ 　　3ページ

1 ❶ $\dfrac{3}{8}$ ❷ $\dfrac{6}{35}$ ❸ $\dfrac{20}{27}$

❹ $\dfrac{35}{12}\left(2\dfrac{11}{12}\right)$ ❺ $\dfrac{7}{54}$ ❻ $\dfrac{15}{88}$

❼ $\dfrac{13}{24}$ ❽ $\dfrac{9}{50}$ ❾ $\dfrac{49}{75}$ ❿ $\dfrac{39}{88}$

≫考え方 分数×分数 の計算は，分母どうし，分子どうしをそれぞれかけます。

❶ $\dfrac{1}{2}\times\dfrac{3}{4}=\dfrac{1\times3}{2\times4}=\dfrac{3}{8}$

④ 分数のかけ算④ 　　4ページ

1 ❶ $\dfrac{5}{12}$ ❷ $\dfrac{7}{16}$ ❸ $\dfrac{1}{5}$ ❹ $\dfrac{2}{3}$

❺ $\dfrac{1}{3}$ ❻ $\dfrac{3}{10}$ ❼ 1 ❽ $\dfrac{5}{18}$

❾ $\dfrac{2}{15}$ ❿ $\dfrac{6}{5}\left(1\dfrac{1}{5}\right)$

≫考え方 計算の途中で約分できるときは，約分しておきます。

❹ $\dfrac{4}{9}\times\dfrac{3}{2}=\dfrac{\overset{2}{\cancel{4}}\times\overset{1}{\cancel{3}}}{\underset{3}{\cancel{9}}\times\underset{1}{\cancel{2}}}=\dfrac{2}{3}$

⑤ 分数のかけ算⑤ 　　5ページ

1 ❶ $\dfrac{15}{8}\left(1\dfrac{7}{8}\right)$ ❷ $\dfrac{20}{7}\left(2\dfrac{6}{7}\right)$

❸ $\dfrac{28}{15}\left(1\dfrac{13}{15}\right)$ ❹ $\dfrac{99}{5}\left(19\dfrac{4}{5}\right)$

❺ $\dfrac{3}{2}\left(1\dfrac{1}{2}\right)$ ❻ 15

❼ $\dfrac{8}{3}\left(2\dfrac{2}{3}\right)$ ❽ $\dfrac{28}{5}\left(5\dfrac{3}{5}\right)$

❾ 26 ❿ $\dfrac{23}{4}\left(5\dfrac{3}{4}\right)$

≫考え方 整数×分数 の計算は，整数を分

母が１の分数になおすと，分数×分数 と同じように計算できます。

❶ $3 \times \frac{5}{8} = \frac{3}{1} \times \frac{5}{8} = \frac{3 \times 5}{1 \times 8} = \frac{15}{8}\left(1\frac{7}{8}\right)$

⑥ 分数のかけ算⑥　6ページ

1
❶ $\frac{5}{24}$　❷ $\frac{33}{35}$　❸ 2

❹ $\frac{16}{3}\left(5\frac{1}{3}\right)$　❺ $\frac{1}{4}$　❻ $\frac{33}{65}$

❼ 1　❽ $\frac{21}{20}\left(1\frac{1}{20}\right)$

❾ $\frac{17}{2}\left(8\frac{1}{2}\right)$　❿ $\frac{8}{5}\left(1\frac{3}{5}\right)$

≫考え方 帯分数を仮分数になおして計算します。

❶ $1\frac{2}{3} \times \frac{1}{8} = \frac{5}{3} \times \frac{1}{8} = \frac{5 \times 1}{3 \times 8} = \frac{5}{24}$

⑦ 分数のかけ算⑦　7ページ

1
❶ 4　❷ 20　❸ $\frac{18}{5}\left(3\frac{3}{5}\right)$

❹ $\frac{11}{4}\left(2\frac{3}{4}\right)$　❺ $\frac{26}{3}\left(8\frac{2}{3}\right)$

❻ $\frac{25}{2}\left(12\frac{1}{2}\right)$　❼ $\frac{57}{7}\left(8\frac{1}{7}\right)$

❽ $\frac{9}{2}\left(4\frac{1}{2}\right)$　❾ $\frac{33}{10}\left(3\frac{3}{10}\right)$

❿ $\frac{63}{4}\left(15\frac{3}{4}\right)$

⑧ 逆　数　8ページ

1
❶ $\frac{5}{3}$　❷ $\frac{10}{7}$　❸ 8　❹ $\frac{4}{9}$

❺ $\frac{6}{13}$　❻ $\frac{13}{18}$　❼ $\frac{1}{12}$

❽ $\frac{10}{3}$　❾ 100　❿ $\frac{5}{9}$

≫考え方 ２つの数の積が１になるとき，一方の数をもう一方の数の逆数といいます。

⑨ まとめテスト①　9ページ

1
❶ $\frac{3}{8}$　❷ $\frac{8}{3}\left(2\frac{2}{3}\right)$　❸ $\frac{5}{54}$

❹ $\frac{1}{3}$　❺ $\frac{15}{4}\left(3\frac{3}{4}\right)$　❻ $\frac{5}{8}$

❼ $\frac{17}{20}$　❽ 1　❾ 60

❿ $\frac{3}{2}\left(1\frac{1}{2}\right)$

⑩ まとめテスト②　10ページ

1
❶ $\frac{21}{32}$　❷ $\frac{18}{5}\left(3\frac{3}{5}\right)$

❸ $\frac{7}{2}\left(3\frac{1}{2}\right)$　❹ 28

❺ $\frac{85}{12}\left(7\frac{1}{12}\right)$　❻ $\frac{14}{3}\left(4\frac{2}{3}\right)$

2
❶ $\frac{4}{3}$　❷ $\frac{9}{10}$　❸ $\frac{1}{14}$　❹ $\frac{10}{13}$

⑪ 分数のわり算①　11ページ

1
❶ $\frac{3}{16}$　❷ $\frac{1}{15}$　❸ $\frac{7}{27}$

❹ $\frac{5}{12}$　❺ $\frac{12}{55}$　❻ $\frac{4}{5}$　❼ $\frac{7}{24}$

❽ $\frac{6}{77}$　❾ $\frac{10}{21}$　❿ $\frac{13}{150}$

≫考え方 分数÷整数 の計算は，分子はそのままで，分母にその整数をかけます。

❶ $\frac{3}{4} \div 4 = \frac{3}{4 \times 4} = \frac{3}{16}$

⑫ 分数のわり算② 　　12ページ

1 ❶ $\dfrac{1}{5}$ ❷ $\dfrac{1}{16}$ ❸ $\dfrac{3}{7}$ ❹ $\dfrac{4}{45}$

❺ $\dfrac{3}{40}$ ❻ $\dfrac{2}{15}$ ❼ $\dfrac{1}{32}$

❽ $\dfrac{3}{100}$ ❾ $\dfrac{5}{49}$ ❿ $\dfrac{1}{116}$

⑬ 分数のわり算③ 　　13ページ

1 ❶ $\dfrac{8}{27}$ ❷ $\dfrac{8}{5}\left(1\dfrac{3}{5}\right)$ ❸ $\dfrac{5}{12}$

❹ $\dfrac{15}{49}$ ❺ $\dfrac{10}{27}$ ❻ $\dfrac{32}{33}$

❼ $\dfrac{36}{35}\left(1\dfrac{1}{35}\right)$ ❽ $\dfrac{56}{75}$

❾ $\dfrac{63}{160}$ ❿ $\dfrac{45}{62}$

≫考え方 分数÷分数 の計算は，わる数の逆数をかけて計算します。

❶ $\dfrac{1}{9}\div\dfrac{3}{8}=\dfrac{1}{9}\times\dfrac{8}{3}=\dfrac{1\times8}{9\times3}=\dfrac{8}{27}$

⑭ 分数のわり算④ 　　14ページ

1 ❶ $\dfrac{7}{16}$ ❷ $\dfrac{1}{4}$ ❸ $\dfrac{3}{4}$ ❹ 2

❺ $\dfrac{14}{15}$ ❻ $\dfrac{6}{7}$ ❼ $\dfrac{5}{24}$ ❽ $\dfrac{2}{3}$

❾ $\dfrac{3}{2}\left(1\dfrac{1}{2}\right)$ ❿ $\dfrac{22}{27}$

≫考え方 約分はかけ算になおしてからします。

❶ $\dfrac{3}{8}\div\dfrac{6}{7}=\dfrac{3}{8}\times\dfrac{7}{6}=\dfrac{\overset{1}{3}\times7}{8\times\underset{2}{6}}=\dfrac{7}{16}$

⑮ 分数のわり算⑤ 　　15ページ

1 ❶ $\dfrac{8}{3}\left(2\dfrac{2}{3}\right)$ ❷ 40

❸ $\dfrac{14}{9}\left(1\dfrac{5}{9}\right)$ ❹ $\dfrac{3}{2}\left(1\dfrac{1}{2}\right)$

❺ 16 ❻ 27 ❼ $\dfrac{9}{2}\left(4\dfrac{1}{2}\right)$

❽ 34 ❾ $\dfrac{100}{3}\left(33\dfrac{1}{3}\right)$ ❿ 36

⑯ 分数のわり算⑥ 　　16ページ

1 ❶ $\dfrac{25}{8}\left(3\dfrac{1}{8}\right)$ ❷ $\dfrac{6}{11}$ ❸ $\dfrac{1}{5}$

❹ $\dfrac{7}{30}$ ❺ $\dfrac{2}{5}$ ❻ 11

❼ $\dfrac{7}{4}\left(1\dfrac{3}{4}\right)$ ❽ 5 ❾ $\dfrac{1}{14}$

❿ $\dfrac{9}{2}\left(4\dfrac{1}{2}\right)$

⑰ 分数のわり算⑦ 　　17ページ

1 ❶ $\dfrac{40}{21}\left(1\dfrac{19}{21}\right)$ ❷ $\dfrac{8}{9}$ ❸ $\dfrac{13}{18}$

❹ $\dfrac{4}{15}$ ❺ $\dfrac{7}{6}\left(1\dfrac{1}{6}\right)$ ❻ $\dfrac{7}{12}$

❼ $\dfrac{11}{13}$ ❽ $\dfrac{3}{4}$ ❾ $\dfrac{2}{3}$ ❿ $\dfrac{19}{36}$

⑱ 積や商の大きさ 　　18ページ

1 ❶ < ❷ > ❸ = ❹ >

≫考え方 かけ算では，
かける数>1のとき，積>かけられる数
かける数=1のとき，積=かけられる数
かける数<1のとき，積<かけられる数

2 ❶ > ❷ = ❸ < ❹ <

≫考え方 わり算では，
わる数>1のとき，商<わられる数
わる数=1のとき，商=わられる数
わる数<1のとき，商>わられる数

⑲ まとめテスト③　　19ページ

1　① $\dfrac{7}{6}\left(1\dfrac{1}{6}\right)$　② $\dfrac{1}{26}$　③ $\dfrac{3}{32}$

④ $\dfrac{5}{6}$　⑤ 42　⑥ $\dfrac{3}{8}$

⑦ $\dfrac{39}{8}\left(4\dfrac{7}{8}\right)$　⑧ $\dfrac{4}{15}$　⑨ $\dfrac{3}{55}$

⑩ $\dfrac{28}{3}\left(9\dfrac{1}{3}\right)$

⑳ まとめテスト④　　20ページ

1　① $\dfrac{7}{33}$　② $\dfrac{15}{2}\left(7\dfrac{1}{2}\right)$

③ $\dfrac{15}{4}\left(3\dfrac{3}{4}\right)$　④ $\dfrac{3}{4}$　⑤ $\dfrac{1}{2}$

⑥ $\dfrac{11}{28}$

2　① <　② >　③ >　④ <

㉑ 分数のかけ算とわり算①　21ページ

1　① $\dfrac{4}{27}$　② $\dfrac{1}{6}$　③ $\dfrac{1}{4}$　④ $\dfrac{2}{21}$

⑤ $\dfrac{16}{5}\left(3\dfrac{1}{5}\right)$　⑥ $\dfrac{3}{32}$　⑦ $\dfrac{1}{4}$

≫考え方　3つの分数のかけ算は、分母どうし、分子どうしをまとめてかけます。

③ $\dfrac{2}{5}\times\dfrac{3}{4}\times\dfrac{5}{6}=\dfrac{\overset{1}{2}\times\overset{1}{3}\times\overset{1}{5}}{\underset{1}{5}\times\underset{2}{4}\times\underset{2}{6}}=\dfrac{1}{4}$

㉒ 分数のかけ算とわり算②　22ページ

1　① $\dfrac{12}{25}$　② $\dfrac{8}{9}$　③ 2

④ $\dfrac{15}{4}\left(3\dfrac{3}{4}\right)$　⑤ 5

2　① $\dfrac{2}{9}$　② $\dfrac{1}{10}$

≫考え方　先に約分できるところを約分してからあてはまる分数を求めます。

① $\square\times\dfrac{\overset{1}{5}}{2}\times\dfrac{9}{\underset{1}{5}}=1$　$\square\times\dfrac{9}{2}=1$

㉓ 分数のかけ算とわり算③　23ページ

1　① $\dfrac{14}{27}$　② $\dfrac{1}{4}$　③ $\dfrac{3}{2}\left(1\dfrac{1}{2}\right)$

④ 8　⑤ $\dfrac{2}{45}$　⑥ $\dfrac{1}{4}$　⑦ $\dfrac{1}{70}$

≫考え方　わる数を逆数に変えて、かけ算だけの式になおします。

① $\dfrac{5}{9}\times\dfrac{7}{10}\div\dfrac{3}{4}=\dfrac{5}{9}\times\dfrac{7}{10}\times\dfrac{4}{3}$

$=\dfrac{\overset{1}{5}\times7\times\overset{2}{4}}{9\times\underset{2}{10}\times3}=\dfrac{14}{27}$

㉔ 分数のかけ算とわり算④　24ページ

1　① $\dfrac{5}{4}\left(1\dfrac{1}{4}\right)$　② $\dfrac{1}{5}$　③ $\dfrac{4}{3}\left(1\dfrac{1}{3}\right)$

④ 11　⑤ $\dfrac{1}{2}$　⑥ $\dfrac{2}{15}$

⑦ $\dfrac{1}{40}$

㉕ 分数のかけ算とわり算⑤　25ページ

1　① $\dfrac{4}{3}\left(1\dfrac{1}{3}\right)$　② $\dfrac{1}{11}$　③ $\dfrac{5}{8}$

④ $\dfrac{25}{21}\left(1\dfrac{4}{21}\right)$　⑤ 9　⑥ $\dfrac{5}{54}$

⑦ $\dfrac{40}{27}\left(1\dfrac{13}{27}\right)$

㉖ 分数のかけ算とわり算⑥　26ページ

1 ❶ $\dfrac{49}{48}\left(1\dfrac{1}{48}\right)$　❷ 10　❸ $\dfrac{1}{84}$

❹ $\dfrac{18}{19}$　❺ $\dfrac{7}{3}\left(2\dfrac{1}{3}\right)$

2 ❶ $\dfrac{4}{5}$　❷ $\dfrac{2}{5}$

>>> 考え方 かけ算だけの式になおし，先に約分できるところを約分してからあてはまる分数を求めます。

㉗ 分数の計算①　27ページ

1 ❶ $\dfrac{3}{32}$　❷ $\dfrac{11}{12}$　❸ $\dfrac{28}{45}$　❹ $\dfrac{11}{24}$

❺ $\dfrac{13}{48}$　❻ $2\dfrac{4}{5}\left(\dfrac{14}{5}\right)$

❼ $3\dfrac{17}{35}\left(\dfrac{122}{35}\right)$

>>> 考え方 かけ算やわり算はたし算やひき算より先に計算します。

㉘ 分数の計算②　28ページ

1 ❶ $\dfrac{17}{21}$　❷ $\dfrac{13}{60}$　❸ $\dfrac{11}{32}$

❹ $\dfrac{16}{3}\left(5\dfrac{1}{3}\right)$　❺ $\dfrac{1}{90}$　❻ $\dfrac{3}{28}$

❼ $2\dfrac{9}{10}\left(\dfrac{29}{10}\right)$

㉙ 計算のきまり①　29ページ

1 ❶ $\dfrac{3}{4}$　❷ $\dfrac{9}{10}$　❸ $\dfrac{1}{13}$　❹ $\dfrac{7}{13}$

❺ 21　❻ $\dfrac{4}{5}$　❼ $\dfrac{5}{8}$　❽ $\dfrac{2}{5}$

>>> 考え方 次のような計算のきまりを使います。

ア $a\times b=b\times a$

イ $(a\times b)\times c=a\times(b\times c)$

ウ $(a+b)\times c=a\times c+b\times c$

エ $(a-b)\times c=a\times c-b\times c$

㉚ 計算のきまり②　30ページ

1 ❶ $\dfrac{4}{13}$　❷ $\dfrac{8}{9}$　❸ 17

❹ $\dfrac{9}{7}\left(1\dfrac{2}{7}\right)$　❺ $\dfrac{17}{11}\left(1\dfrac{6}{11}\right)$

❻ 11　❼ 10　❽ $\dfrac{1}{14}$

>>> 考え方 計算のきまりを使うと計算が楽になる場合があります。

❶ $\dfrac{5}{6}\times\left(\dfrac{6}{5}\times\dfrac{4}{13}\right)=\left(\dfrac{5}{6}\times\dfrac{6}{5}\right)\times\dfrac{4}{13}$

$=1\times\dfrac{4}{13}=\dfrac{4}{13}$

❸ $\left(\dfrac{5}{7}+\dfrac{1}{2}\right)\times14=\dfrac{5}{7}\times14+\dfrac{1}{2}\times14$

$=10+7=17$

❹ $\dfrac{20}{7}\times\left(\dfrac{1}{4}+\dfrac{1}{5}\right)=\dfrac{20}{7}\times\dfrac{1}{4}+\dfrac{20}{7}\times\dfrac{1}{5}$

$=\dfrac{5}{7}+\dfrac{4}{7}=\dfrac{9}{7}$

❼ $5\times\dfrac{5}{8}+11\times\dfrac{5}{8}=(5+11)\times\dfrac{5}{8}$

$=16\times\dfrac{5}{8}=10$

㉛ まとめテスト⑤　31ページ

1 ❶ $\dfrac{3}{4}$　❷ $\dfrac{8}{45}$　❸ $\dfrac{15}{2}\left(7\dfrac{1}{2}\right)$

❹ $\dfrac{1}{12}$　❺ $3\dfrac{5}{6}\left(\dfrac{23}{6}\right)$

❻ $1\dfrac{27}{35}\left(\dfrac{62}{35}\right)$　❼ $\dfrac{7}{10}$

1
① 22　② $\frac{9}{5}\left(1\frac{4}{5}\right)$

③ $3\frac{5}{12}\left(\frac{41}{12}\right)$　④ $\frac{7}{90}$

⑤ $2\frac{1}{27}\left(\frac{55}{27}\right)$　⑥ 14　⑦ $\frac{1}{48}$

③③ **分数や小数のたし算とひき算①**　33ページ

1　① $\frac{4}{5}(0.8)$　② $\frac{29}{30}$　③ $\frac{17}{20}(0.85)$

④ $1\frac{22}{35}\left(\frac{57}{35}\right)$　⑤ $2\frac{17}{30}\left(\frac{77}{30}\right)$

⑥ $2\frac{37}{45}\left(\frac{127}{45}\right)$　⑦ $\frac{11}{28}$

⑧ $4\frac{2}{15}\left(\frac{62}{15}\right)$　⑨ $\frac{13}{20}(0.65)$

⑩ $2\frac{13}{75}\left(\frac{163}{75}\right)$

≫考え方　分数や小数の混じった計算は，どちらかにそろえて計算します。分数は小数で表せないときがありますが，分数にそろえればいつでも計算できます。
① $0.5+\frac{3}{10}=\frac{1}{2}+\frac{3}{10}=\frac{8}{10}=\frac{4}{5}$
$0.5+\frac{3}{10}=0.5+0.3=0.8$

③④ **分数や小数のたし算とひき算②**　34ページ

1　① $\frac{3}{10}(0.3)$　② $\frac{1}{15}$

③ $1\frac{17}{45}\left(\frac{62}{45}\right)$　④ $\frac{33}{40}(0.825)$

⑤ $2\frac{17}{70}\left(\frac{157}{70}\right)$　⑥ $1\frac{13}{15}\left(\frac{28}{15}\right)$

⑦ $3\frac{1}{30}\left(\frac{91}{30}\right)$　⑧ $\frac{43}{44}$

⑨ $2\frac{13}{60}\left(\frac{133}{60}\right)$　⑩ $\frac{17}{50}(0.34)$

③⑤ **分数や小数のたし算とひき算③**　35ページ

1　① $1\frac{4}{15}$　② $\frac{1}{2}(0.5)$

③ $1\frac{23}{24}\left(\frac{47}{24}\right)$　④ $1\frac{34}{75}\left(\frac{109}{75}\right)$

⑤ $4\frac{5}{12}\left(\frac{53}{12}\right)$　⑥ $\frac{31}{40}(0.775)$

⑦ $1\frac{23}{30}\left(\frac{53}{30}\right)$

③⑥ **分数や小数のかけ算とわり算①**　36ページ

1　① $\frac{7}{30}$　② $\frac{3}{20}$　③ $\frac{2}{3}$

④ $\frac{9}{5}\left(1\frac{4}{5}\right)$　⑤ $\frac{4}{25}$　⑥ $\frac{4}{35}$

⑦ 18　⑧ $\frac{2}{5}$　⑨ 8

⑩ $\frac{23}{8}\left(2\frac{7}{8}\right)$

≫考え方　小数だけのかけ算も分数になおして計算すると簡単になる場合があります。
⑨ $3.2\times2.5=\frac{16}{5}\times\frac{5}{2}=\frac{\overset{8}{\cancel{16}}\times\overset{1}{\cancel{5}}}{\underset{1}{\cancel{5}}\times\underset{1}{\cancel{2}}}=8$

③⑦ **分数や小数のかけ算とわり算②**　37ページ

1　① $\frac{20}{7}\left(2\frac{6}{7}\right)$　② $\frac{1}{9}$　③ $\frac{1}{3}$

④ $\frac{38}{55}$　⑤ $\frac{3}{70}$　⑥ 10

⑦ $\frac{13}{10}\left(1\frac{3}{10}\right)$　⑧ $\frac{46}{63}$

⑨ $\frac{17}{11}\left(1\frac{6}{11}\right)$　⑩ $\frac{100}{3}\left(33\frac{1}{3}\right)$

㊳ 分数や小数のかけ算とわり算③　38ページ

1 ① $\frac{2}{3}$　② 1　③ $\frac{28}{13}\left(2\frac{2}{13}\right)$

④ $\frac{9}{4}\left(2\frac{1}{4}\right)$　⑤ $\frac{9}{35}$　⑥ $\frac{1}{15}$

⑦ $\frac{6}{5}\left(1\frac{1}{5}\right)$

㊴ 分数や小数のかけ算とわり算④　39ページ

1 ① $\frac{4}{3}\left(1\frac{1}{3}\right)$　② $\frac{19}{20}$　③ $\frac{80}{91}$

④ $\frac{3}{2}\left(1\frac{1}{2}\right)$　⑤ $\frac{3}{50}$

⑥ $\frac{35}{3}\left(11\frac{2}{3}\right)$　⑦ $\frac{1}{75}$

㊵ 分数や小数のかけ算とわり算⑤　40ページ

1 ① $\frac{12}{25}$　② $\frac{2}{91}$　③ $\frac{15}{28}$　④ $\frac{16}{27}$

⑤ $\frac{3}{80}$　⑥ $\frac{17}{20}$

㊶ まとめテスト⑦　41ページ

1 ① $\frac{17}{35}$　② $\frac{3}{2}\left(1\frac{1}{2}\right)$　③ $\frac{1}{18}$

④ $1\frac{7}{30}\left(\frac{37}{30}\right)$　⑤ $\frac{16}{13}\left(1\frac{3}{13}\right)$

⑥ $2\frac{11}{28}\left(\frac{67}{28}\right)$　⑦ $1\frac{73}{75}\left(\frac{148}{75}\right)$

⑧ $\frac{40}{11}\left(3\frac{7}{11}\right)$　⑨ $3\frac{2}{15}\left(\frac{47}{15}\right)$

⑩ $\frac{9}{28}$

㊷ まとめテスト⑧　42ページ

1 ① $3\frac{61}{70}\left(\frac{271}{70}\right)$　② $1\frac{1}{9}\left(\frac{10}{9}\right)$

③ $\frac{9}{20}$　④ $\frac{16}{3}\left(5\frac{1}{3}\right)$　⑤ $\frac{3}{44}$

⑥ 108　⑦ $\frac{14}{45}$

㊸ 分数や小数の計算①　43ページ

1 ① $1\frac{13}{16}\left(\frac{29}{16}\right)$　② $1\frac{34}{45}\left(\frac{79}{45}\right)$

③ $2\frac{7}{18}\left(\frac{43}{18}\right)$　④ $2\frac{33}{35}\left(\frac{103}{35}\right)$

⑤ $1\frac{19}{20}\left(\frac{39}{20}\right)$　⑥ $2\frac{11}{30}\left(\frac{71}{30}\right)$

⑦ $2\frac{11}{36}\left(\frac{83}{36}\right)$

㊹ 分数や小数の計算②　44ページ

1 ① $\frac{43}{20}\left(2\frac{3}{20}\right)$　② $\frac{11}{6}\left(1\frac{5}{6}\right)$

③ $3\frac{7}{30}\left(\frac{97}{30}\right)$　④ $1\frac{12}{35}\left(\frac{47}{35}\right)$

⑤ $\frac{17}{27}$

㊺ 分数や小数の計算③　45ページ

1 ① $\frac{16}{93}$　② $\frac{9}{44}$　③ $\frac{39}{50}$

④ 21　⑤ $\frac{38}{7}\left(5\frac{3}{7}\right)$

≫考え方 かっこの中は先に計算します。

㊻ 分数や小数の計算④　46ページ

1 ① $\frac{1}{14}$　② $\frac{5}{36}$　③ 178

④ $\frac{13}{14}$　⑤ $2\frac{48}{55}\left(\frac{158}{55}\right)$

㊼ x の値を求める計算 ①　47 ページ

1 ❶ 18　❷ 46　❸ 38　❹ 6
❺ 16　❻ 150　❼ 4
❽ 14　❾ 68　❿ 34

≫考え方 x の値の求め方は次のようになります。
x＋○＝△ → x＝△－○
○＋x＝△ → x＝△－○
x－○＝△ → x＝△＋○
○－x＝△ → x＝○－△
x×○＝△ → x＝△÷○
○×x＝△ → x＝△÷○
x÷○＝△ → x＝△×○
○÷x＝△ → x＝○÷△

㊽ x の値を求める計算 ②　48 ページ

1 ❶ 1.4　❷ 1.3　❸ 6.33
❹ 1.3　❺ $\frac{17}{28}$　❻ $\frac{32}{5}\left(6\frac{2}{5}\right)$
❼ $\frac{3}{5}$　❽ $\frac{5}{24}$　❾ $\frac{41}{30}\left(1\frac{11}{30}\right)$
❿ $\frac{12}{7}\left(1\frac{5}{7}\right)$

㊾ まとめテスト ⑨　49 ページ

1 ❶ $\frac{79}{70}\left(1\frac{9}{70}\right)$　❷ $\frac{7}{44}$　❸ $\frac{5}{42}$
❹ $\frac{7}{6}\left(1\frac{1}{6}\right)$　❺ $\frac{55}{48}\left(1\frac{7}{48}\right)$
❻ $\frac{11}{64}$

㊿ まとめテスト ⑩　50 ページ

1 ❶ $1\frac{1}{14}\left(\frac{15}{14}\right)$　❷ 126　❸ $\frac{9}{17}$

2 ❶ 83　❷ $\frac{11}{6}\left(1\frac{5}{6}\right)$
❸ 4.05　❹ $\frac{8}{35}$

(51) 円の面積の計算 ①　51 ページ

1 ❶ 28.26 cm^2　❷ 113.04 cm^2

≫考え方 円の面積は 半径×半径×3.14 で求められます。

2 ❶ 50.24 cm^2　❷ 78.5 cm^2

3 ❶ 12.56 cm^2　❷ 314 cm^2

≫考え方 円周＝直径×3.14 だから，直径は 円周÷3.14 で求められます。

(52) 円の面積の計算 ②　52 ページ

1 ❶ 25.12 cm^2　❷ 14.13 cm^2
❸ 50.24 cm^2　❹ 9.42 cm^2

≫考え方 ❶，❷は円の面積の半分，❸は円の面積の $\frac{1}{4}$，❹は円の面積の $\frac{3}{4}$ です。

(53) 円の面積の計算 ③　53 ページ

1 ❶ 37.68 cm^2　❷ 56.52 cm^2
❸ 235.5 cm^2　❹ 14.13 cm^2

≫考え方 ❶ 4×4×3.14－2×2×3.14
＝16×3.14－4×3.14＝(16－4)×3.14
＝12×3.14＝37.68(cm^2)
❷右の図のように，一部移動させます。
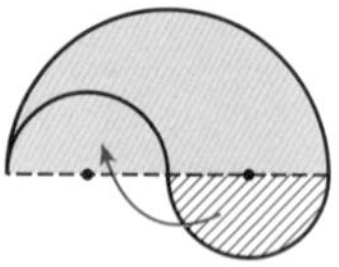
6×6×3.14÷2
＝56.52(cm^2)
❸ 5×5×3.14＋10×10×3.14÷2
＝(25＋50)×3.14＝235.5(cm^2)
❹ 6×6×3.14÷4－3×3×3.14÷2
＝(9－4.5)×3.14＝14.13(cm^2)

(54) 円の面積の計算 ④ 54ページ

1 ❶ $13.76\,cm^2$ ❷ $43\,cm^2$
❸ $114\,cm^2$ ❹ $20.52\,cm^2$

考え方 ❶ $8×8-4×4×3.14=13.76(cm^2)$
❷ $10×20-10×10×3.14÷2=43(cm^2)$
❸ $10×10×3.14-20×20÷2=114(cm^2)$
❹ 右の図のように，分けて求めます。

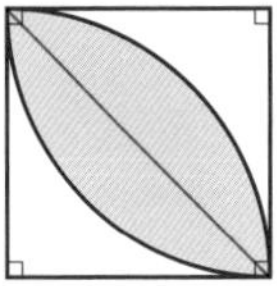

$(6×6×3.14÷4-6×6÷2)×2=20.52(cm^2)$

(55) まとめテスト ⑪ 55ページ

1 ❶ $78.5\,cm^2$ ❷ $200.96\,cm^2$
❸ $28.26\,cm^2$

2 ❶ $157\,cm^2$ ❷ $12.56\,cm^2$

(56) まとめテスト ⑫ 56ページ

1 ❶ $36.56\,cm^2$ ❷ $100.48\,cm^2$
❸ $43\,cm^2$ ❹ $114\,cm^2$

考え方 ❹ 右の図のように，一部移動させます。

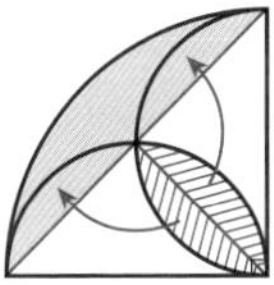

(57) 等しい比 ① 57ページ

1 ❶ $\frac{3}{5}$ ❷ $\frac{11}{27}$ ❸ $\frac{2}{3}$
❹ $\frac{4}{3}\left(1\frac{1}{3}\right)$ ❺ $\frac{1}{2}$ ❻ 3

考え方 $a:b$ の比の値は $a÷b$ で求めます。
❸ $10÷15=\frac{10}{15}=\frac{2}{3}$

2 ❶ 2：3 ❷ 5：1 ❸ 3：7
❹ 11：9 ❺ 1：4 ❻ 16：9

考え方 $a:b$ の両方の数に同じ数をかけたり，両方の数を同じ数でわったりしてできる比は，すべて $a:b$ に等しくなります。
❶ $4:6=(4÷2):(6÷2)=2:3$

(58) 等しい比 ② 58ページ

1 ❶ 4：5 ❷ 1：4 ❸ 8：5
❹ 4：5 ❺ 10：1 ❻ 3：4
❼ 2：7 ❽ 15：16 ❾ 2：9
❿ 3：4

考え方 整数の比になおして考えます。
❶ $1.2:1.5=12:15=4:5$
分数の比は分母の最小公倍数をかけます。
❻ $\frac{1}{2}:\frac{2}{3}=\left(\frac{1}{2}×6\right):\left(\frac{2}{3}×6\right)=3:4$

(59) 等しい比 ③ 59ページ

1 ❶ $\frac{2}{3}$ ❷ $\frac{3}{8}$ ❸ $\frac{3}{13}$ ❹ 6
❺ $\frac{3}{10}$ ❻ $\frac{4}{5}$ ❼ $\frac{25}{8}\left(3\frac{1}{8}\right)$
❽ $\frac{2}{11}$ ❾ $\frac{3}{8}$ ❿ 7

(60) 等しい比 ④ 60ページ

1 ㋑

2 ㋐

3 ㋒

4 ㋑，㋒

(61) 等しい比 ⑤ 61ページ

1 ❶ 25 ❷ 5 ❸ 72 ❹ 11
❺ 25 ❻ 13 ❼ 56 ❽ 5
❾ 9 ❿ 10

考え方 次のように考えます。

❶ $4:5=20:x$（×5，×5）　❻ $x:10=39:30$（÷3，÷3）

(62) 等しい比 ⑥　62ページ

1 ❶ 8.4　❷ 4　❸ 1　❹ 14.4

❺ $\frac{7}{9}$　❻ 10　❼ 4

❽ $\frac{7}{6}\left(1\frac{1}{6}\right)$

(63) まとめテスト ⑬　63ページ

1 ❶ $\frac{2}{11}$　❷ $\frac{5}{3}\left(1\frac{2}{3}\right)$　❸ $\frac{5}{8}$

❹ 3

2 ❶ 5：7　❷ 2：1　❸ 8：5

❹ 4：15　❺ 10：7　❻ 54：5

(64) まとめテスト ⑭　64ページ

1 ❶ 56　❷ 11　❸ 12　❹ 1

❺ 3.6　❻ 9　❼ 14　❽ $\frac{3}{4}$

❾ 15　❿ $\frac{1}{7}$

(65) 角柱や円柱の体積の計算 ①　65ページ

1 ❶ 240 cm^3　❷ 162 cm^3

❸ 100 cm^3　❹ 180 cm^3

考え方 角柱や円柱の体積は，
底面積×高さ で求められます。

(66) 角柱や円柱の体積の計算 ②　66ページ

1 ❶ 628 cm^3　❷ 282.6 cm^3

2 ❶ 60 cm^3　❷ 2198 cm^3

❸ 120 cm^3

(67) 角柱や円柱の体積の計算 ③　67ページ

1 ❶ 45 cm^3　❷ 7850 cm^3

❸ 36 cm^3　❹ 1130.4 cm^3

考え方 展開図を組み立てると次のような立体になります。

❶
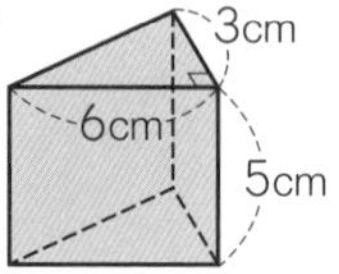

❷
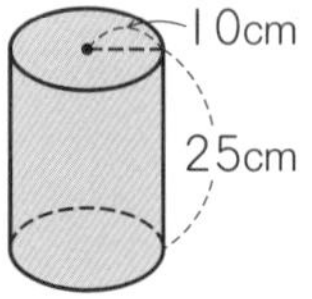

❸
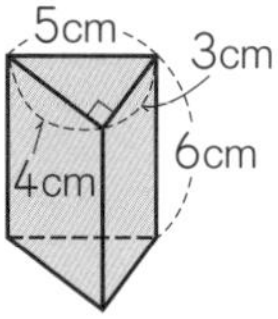

❹
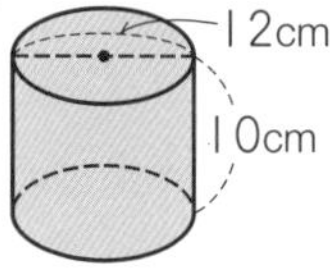

(68) 角柱や円柱の体積の計算 ④　68ページ

1 ❶ 208 cm^3　❷ 376.8 cm^3

❸ 192 cm^3　❹ 401.92 cm^3

考え方 ❶底面は五角形になるので，底面積は，$3×4÷2+4×5=26(cm^2)$
高さは 8cm なので，$26×8=208(cm^3)$
❷ $4×4×3.14÷2×15=376.8(cm^3)$
❸ 大きい四角柱から小さい四角柱をとり除いた立体になるので，
$6×8×5-6×4×2=192(cm^3)$
❹ 大きい円柱－小さい円柱 より，
$5×5×3.14×8-3×3×3.14×8$
$=401.92(cm^3)$

(69) まとめテスト ⑮　69ページ

1 ❶ 280 cm^3　❷ 120 cm^3

❸ 270 cm^3　❹ 4710 cm^3

(70) まとめテスト ⑯　70ページ

1 ❶ 675 cm^3　❷ 502.4 cm^3

2 ❶ 960 cm^3　❷ 942 cm^3